So einfach spielst du bambinoLÜK:
Öffne das bambinoLÜK-Lösungsgerät und lege es auf dein aufgeschlagenes bambinoLÜK-Heft. Lege die sechs Plättchen mit den Symbolen nach oben auf die Aufgaben mit den gleichen Symbolen, also das Plättchen mit dem roten Symbol Haus auf die Aufgabe mit dem roten Symbol Haus oben links in der Ecke. Wenn die Plättchen auf den Aufgaben liegen, nimmst du das Plättchen mit dem Symbol Haus und siehst dir die Aufgabe an, auf der das Plättchen lag. Welches Bild auf der unteren Seite passt wohl dazu? Lege das Plättchen auf dieses passende Bild. Mach es ebenso mit den anderen fünf Plättchen und Aufgaben. Schließe dann das bambinoLÜK-Lösungsgerät und drehe es nach oben um. Jetzt siehst du das bei der Übung abgebildete Lösungsmuster. Alles richtig?
Und nun viel Spaß!

Die Spielanleitung

FSC MIX Papier FSC® C009717

Autorin: Wibke Bierwald
Druck und Verarbeitung: westermann druck GmbH, Braunschweig
ISBN 978-3-07-**247942**-4

Redaktion: Dominik Madecki
Lizenz durch KIDDINX Media GmbH
Lahnstraße 21, 12055 Berlin, Deutschland

benjaminblümchen.de

1 Ordne zu!

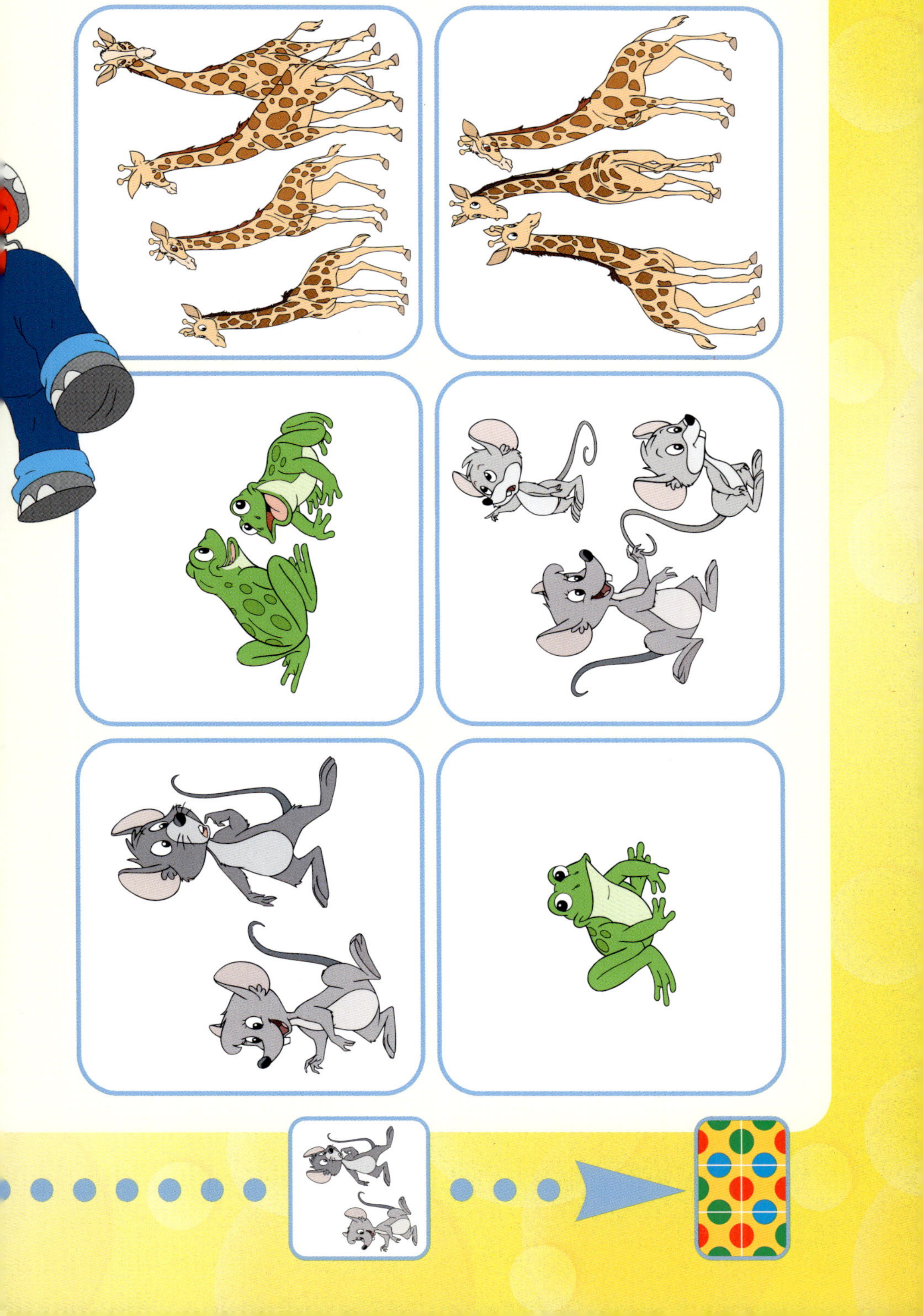

2 Ordne zu!

3 Wie viele sind es?

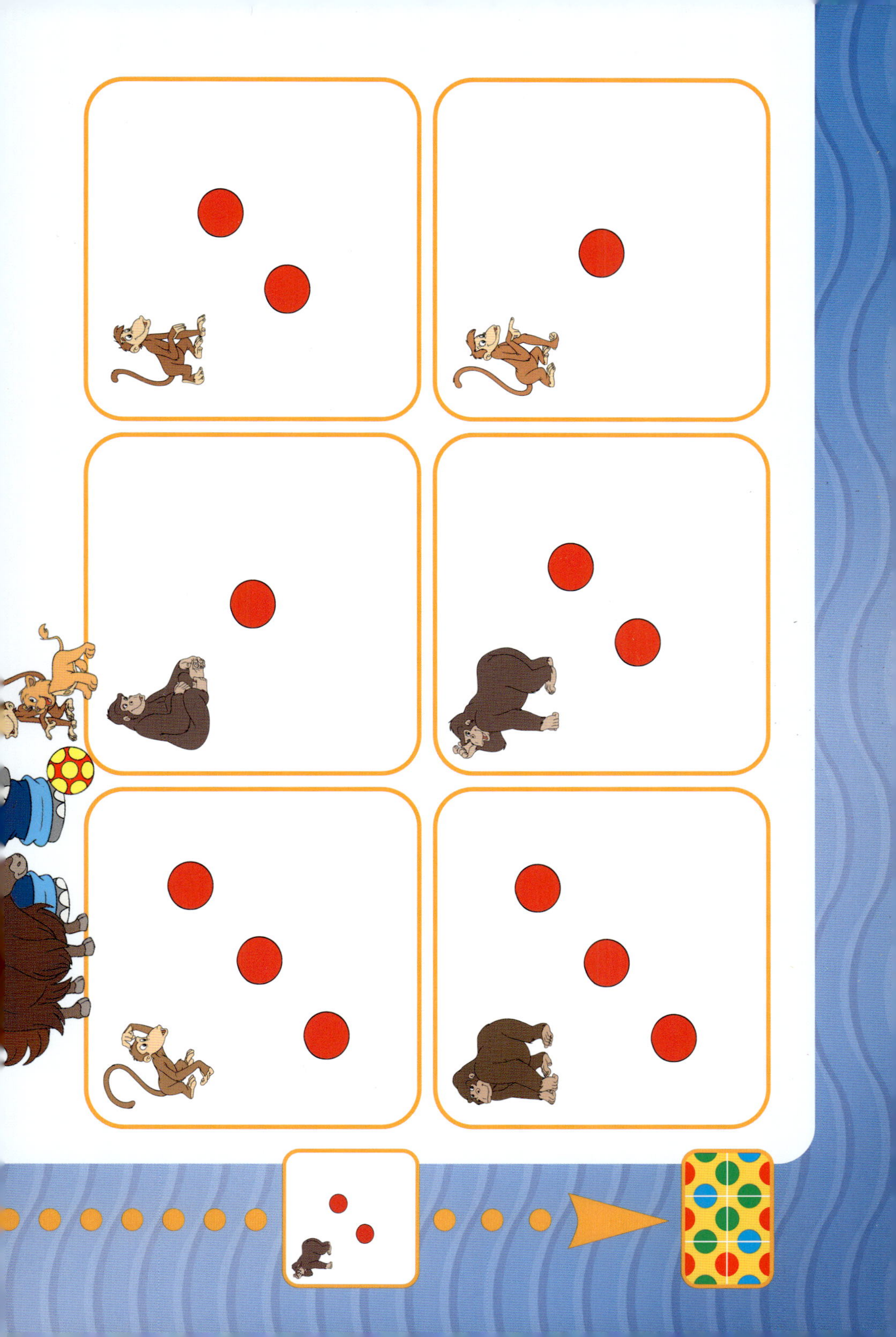

4 Wie viele sind es?

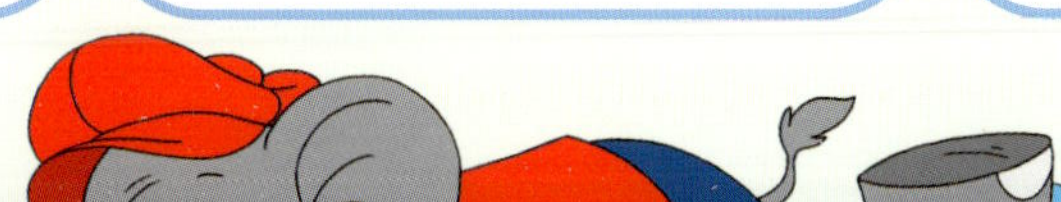

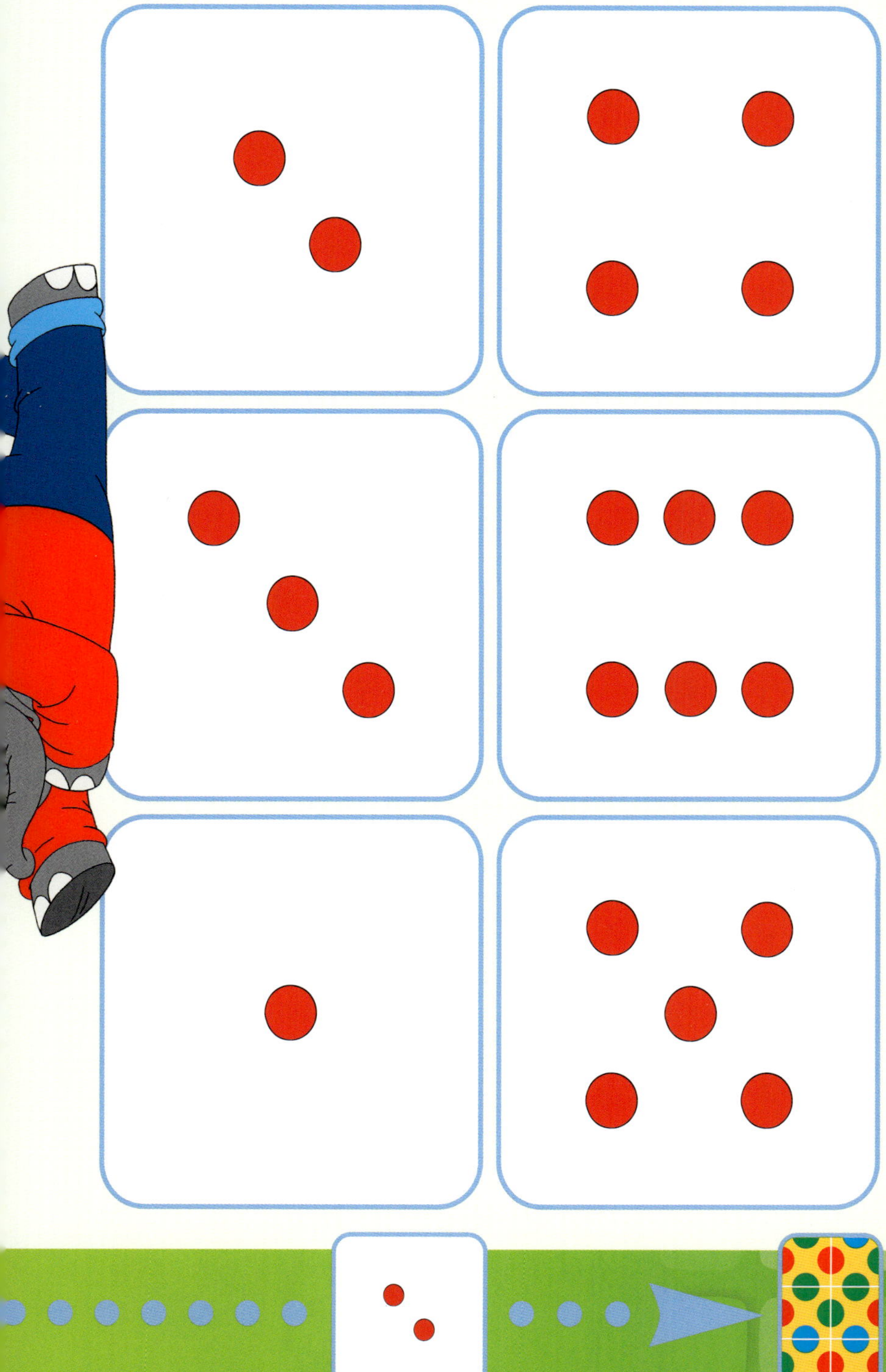

5 Wie viele sind es?

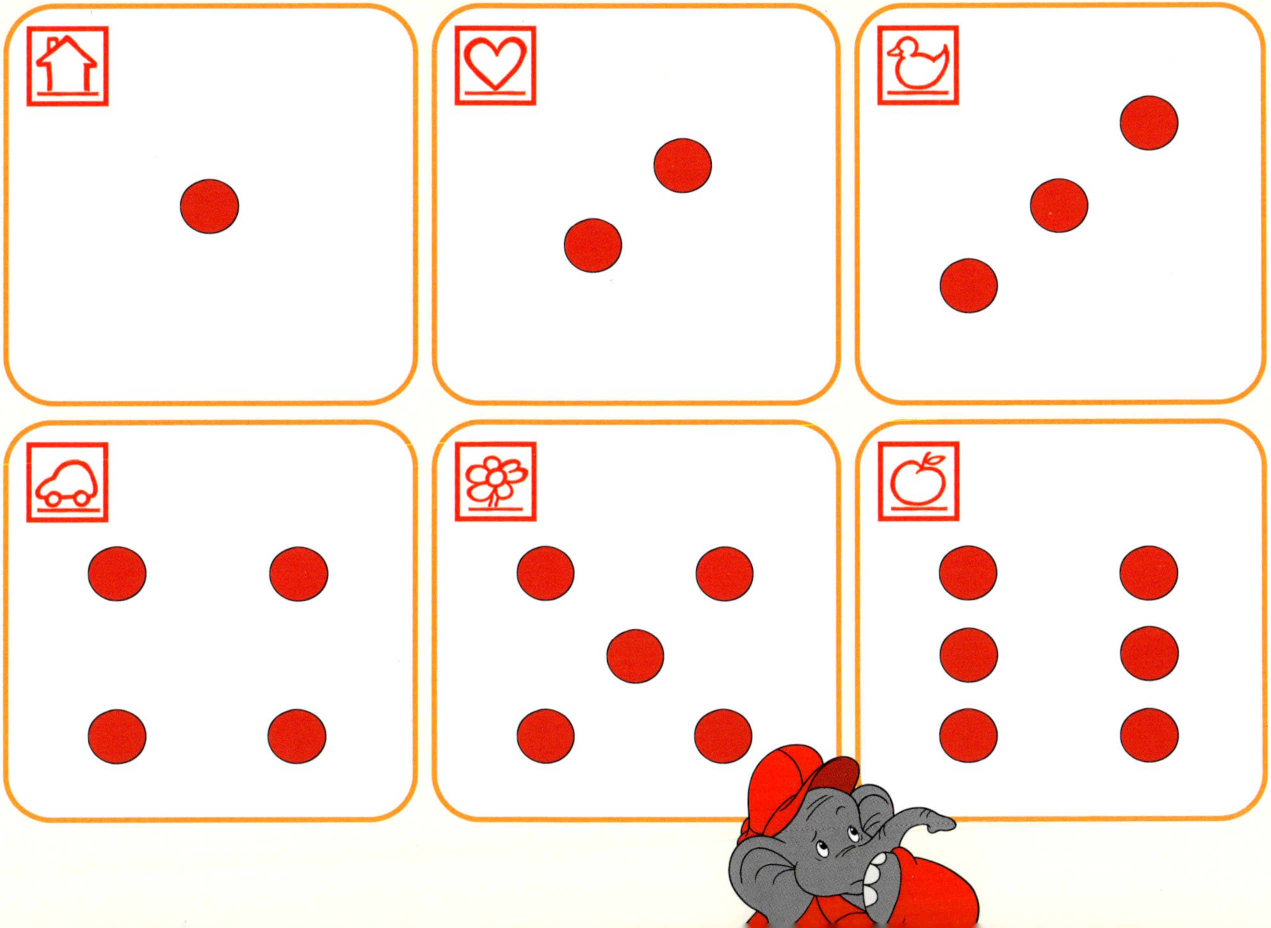

1

3	6	5
1	4	2

6 Wie viele sind es?

1

2 3 1

2 1 3

7 Wie viele sind es?

3
4
3
3
4
5
2

8 Wie viele sind es?

3

3	1	5
2	6	4

9 Das kannst du schon rechnen!

1+2

1+2

5+1

1+0

4+1

3+1

1+1

3

3

5

6

1

2

4

10 Das kannst du schon rechnen!

2+2=4

2+1=3	1+0=1	1+1=2
2+2=4	3+3=6	3+2=5

11 Das kannst du schon rechnen!

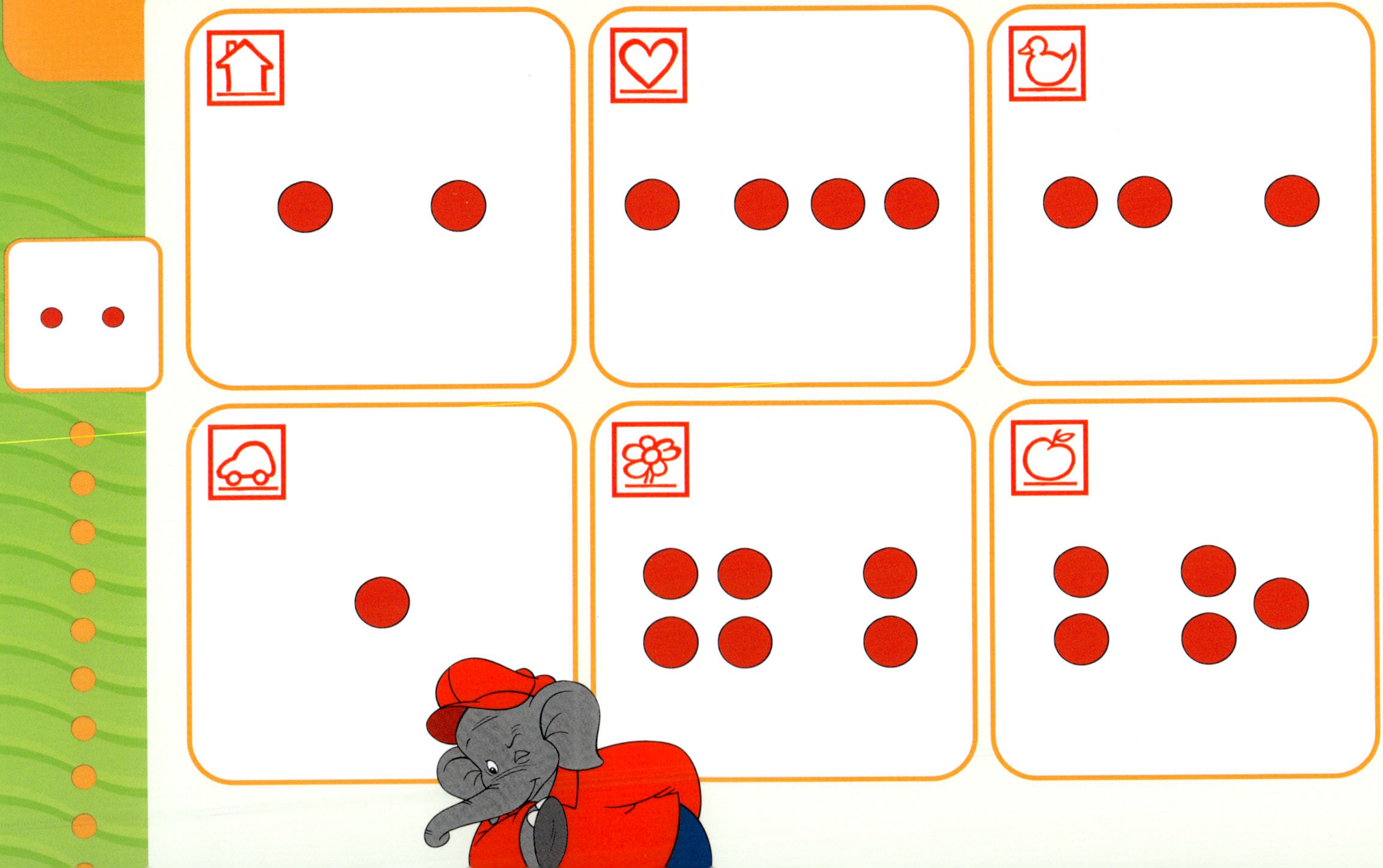

1 + 1 = 2

$2+1=3$	$2+3=5$	$4+2=6$
$1+1=2$	$1+0=1$	$1+3=4$

Inhalt